電子工業出版社
Publishing House of Electronics Industry
北京·BEIJING

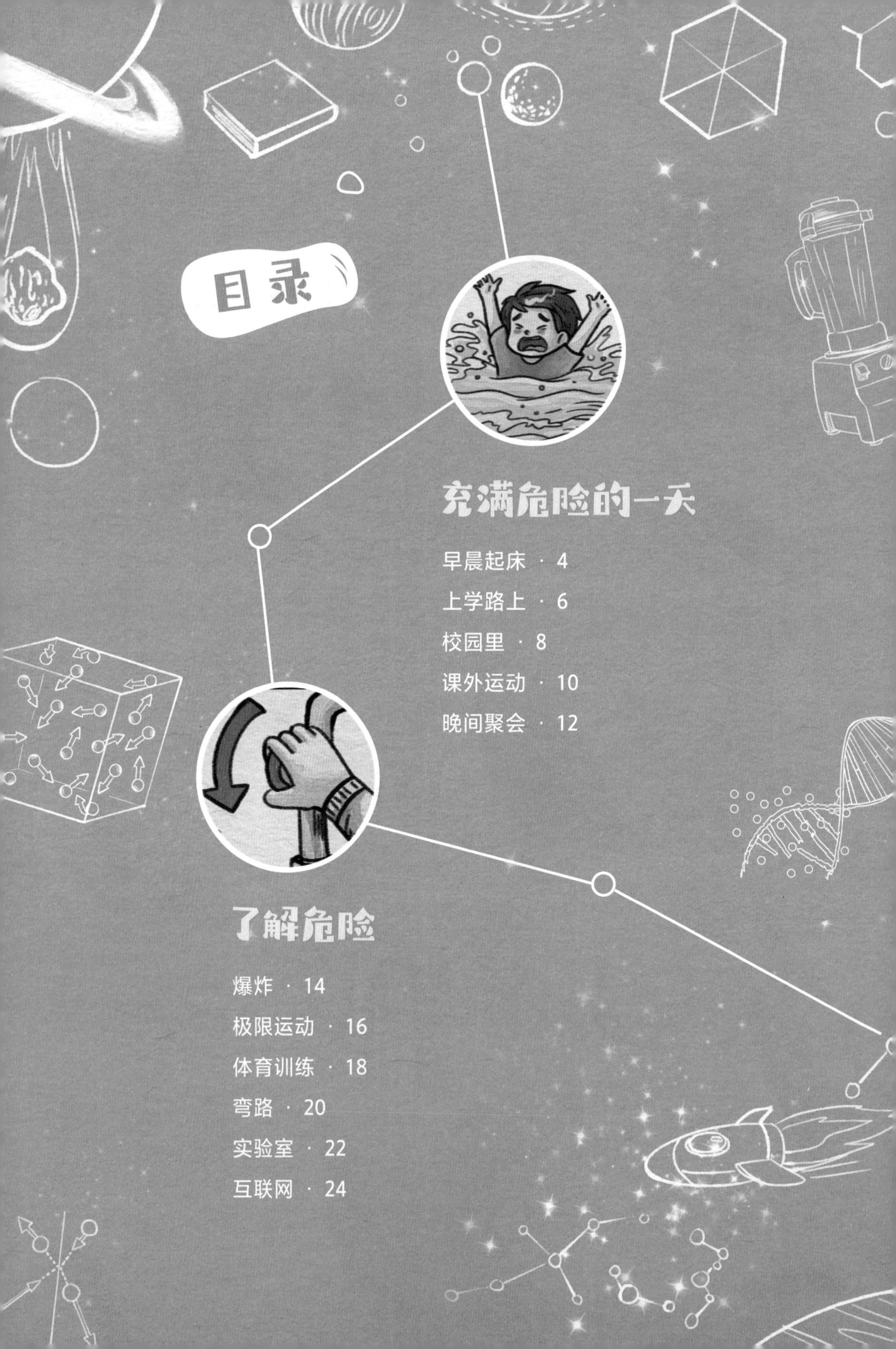

目录

充满危险的一天

了解危险

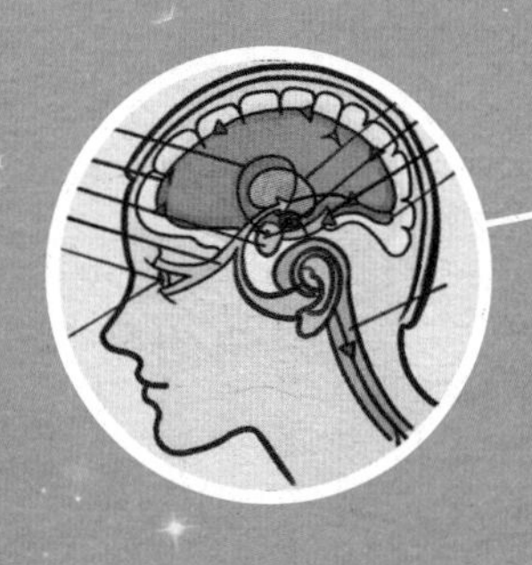

克服恐惧

急救小知识

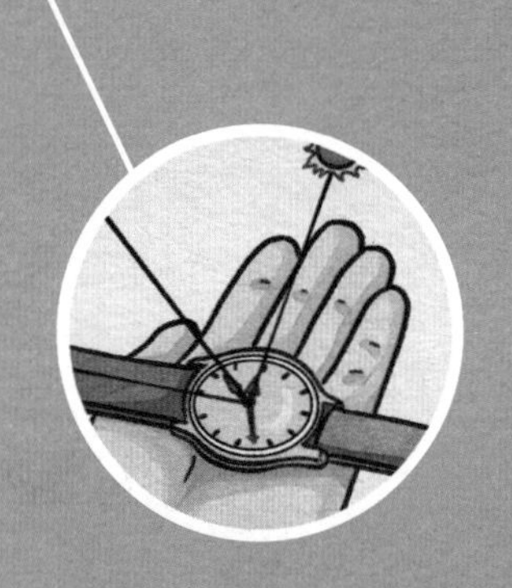

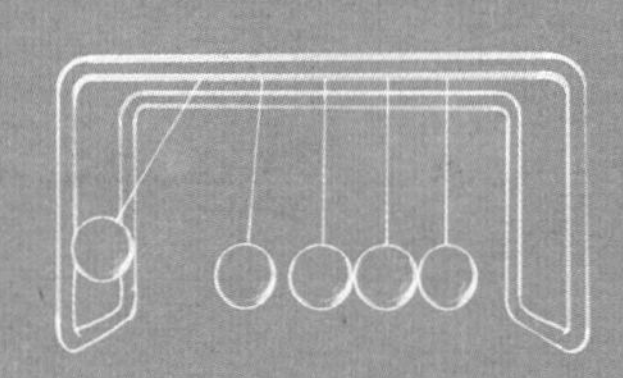

未雨绸缪

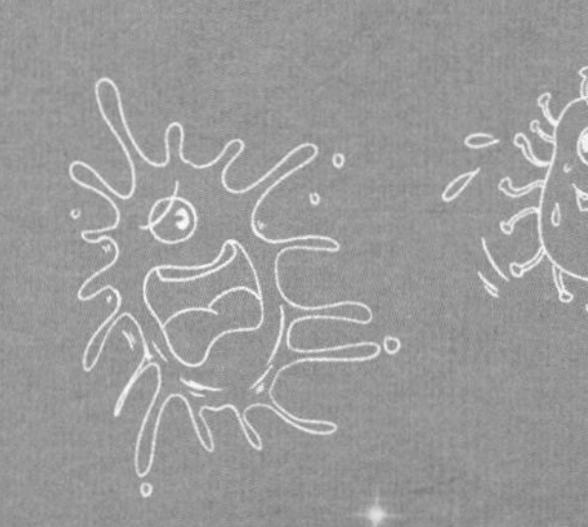

充满危险的一天

早晨起床

一天的开始，一切似乎都很正常：你活得好好的。睡眠中发生猝（cù）死的基本是哺乳期的婴儿，而你已经是少年了，这类危险和你没有什么关系。

吃早饭了，随后，一个危险出现了：哽噎（gěng yē）窒息（zhì xī）。它是日常生活事故中意外致死的第二大原因。哽噎窒息背后隐藏着不同的危险，最常见的是异物（食物等）进入气管而不是它应该去的食道，由此引起呼吸道堵塞。

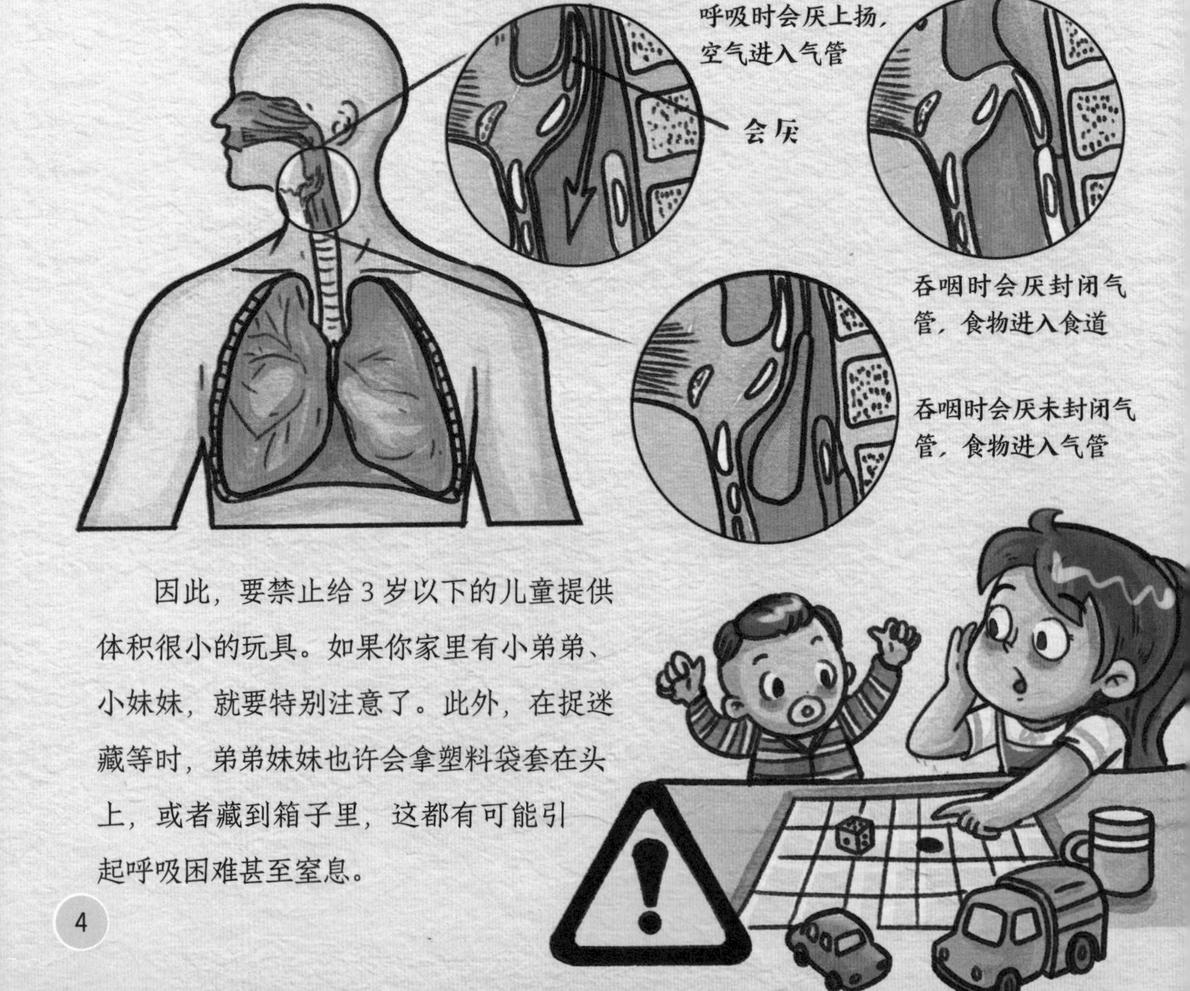

因此，要禁止给 3 岁以下的儿童提供体积很小的玩具。如果你家里有小弟弟、小妹妹，就要特别注意了。此外，在捉迷藏等时，弟弟妹妹也许会拿塑料袋套在头上，或者藏到箱子里，这都有可能引起呼吸困难甚至窒息。

10% 的梗噎窒息是由糖果、花生、药片以及吃饭引起的。我们吃的每一种东西都有可能引起哽噎窒息。万一发生哽噎窒息，不要惊慌，学一些基本的急救知识可以帮助我们避免灾难性的后果。

上学路上

用完早餐，准备上学。此时，“冒险”的一天才真正开始。

在条件允许的前提下，很多家长愿意自己开车送孩子上学，觉得这样比较安全，但真是这样吗？车子启动前，车上的人都系好安全带了吗？车上有常备的急救包吗？上下班时间，人人都想快点儿抵（dǐ）达目的地，但越着急，往往越容易出现交通事故。

到学校了，妈妈在路口靠边停下，让你下车，你只要穿过马路就可以进入校园了。但你是否意识到，你下车后一边和妈妈招手道别，一边过马路，这样有多危险？

校园里

上课铃声响起，你坐在教室里，学校的设施都是符合安全标准的，还有老师在旁监督（jiān dū），能有什么风险呢？

跌倒是日常生活事故的第三大原因。操场是休息放松的场所，也是最主要的在校事故场所。大家在那里玩耍，你推我搡（sǎng），难免会出事故，比如跌打损伤、扭伤，甚至骨折。

有些危险是悄悄发生的，并没有引起大家的注意。

比如，那些小心翼（yì）翼避开人群，总是贴着墙走，或者经常在老师办公室附近转的学生，他们遇到的问题往往难以被发现。压力、恶意嘲笑等，是一些不太会引起注意的、无声的危险，往往会引发自闭、退学甚至离家出走。造成这类悲剧的原因是多方面的：旁观不语者有不可推卸的责任；老师在发现学生出现学习困难或者上课精力不集中的时候没有认真去查明原因……

其实，我们只需给予这样的同学多一些关心就可能成为拯救他的英雄。如果我们自己无力帮助他，应该赶紧向自己信任的大人寻求帮助。

课外运动

课外运动对于孩子们的身心健康发展必不可少。但有统计数据显示，青少年在运动过程中受伤主要是自己锻炼时发生的，所以应该在专业人士的指导下进行课外活动和锻炼。

还有统计数据显示，在同一时间段内的日常生活事故中，男孩受伤的人数比女孩多 63%。在青少年阶段，男孩的身体发育很快，越来越能感到自己不断增长的力量，往往寻求机会表现自己勇敢和强壮。但他们对自己的身体还不太了解，这就像有了超人的衣服，却没有衣服的使用说明书，如果盲目使用，出事故的概率自然就会增大。

训练结束，该回家了。爸爸妈妈平时一再叮嘱你别走林间的小道。爸爸妈妈的建议有道理吗？当然！世界范围内每年被蚊子叮咬后染上疾病致死的人数多达 200 万！而林间小道正是蚊子等比较集中的地方。

晚间聚会

今天是你的好朋友的生日，几个小伙伴相约由家长带着到餐厅举行一场生日小宴会。出发前，妈妈就提醒：“今天咱们说好了可不能玩得太晚，要早点儿回家！”家长的提醒不无道理，你们也在欢聚后按时由各自的家长带着回家了。

在外面待得时间太晚、次数太多，可能打乱早睡早起的生活规律，不仅影响在学校的正常学习，对自己的身心健康成长也是不利的。

我们每天的生活看上去很平凡，并不惊心动魄，但每个平常的瞬间、每个普通的活动中，都可能隐藏着危险。夜晚到了，只有了解危险所在，不放松安全意识的人才能平安地上床，结束幸福的一天，进入甜蜜的梦乡。

了解危险

爆炸

化学反应速度加快后，会形成越来越多的气体，产生越来越多的热量。

模拟爆炸过程的示意图

红色的球为高温的爆炸中心，透明的球是爆炸产生的冲击波。球前沿的红色层表示正压，蓝色层表示负压

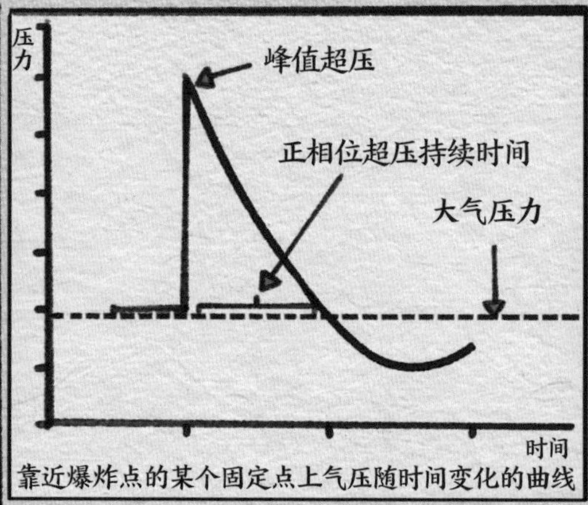

靠近爆炸点的某个固定点上气压随时间变化的曲线

气体受热会迅速膨胀（péng zhàng），形成极高的压力，继而引发爆炸。最常见的爆炸风险与做饭和烧水的燃料气体有关。

一些用于清洗或绘画的特殊液体也可能发生爆炸；烟花爆竹存放在家里非常危险；加油站是爆炸高危区，在加油站一定要遵守安全法规。

如果闻到浓烈的煤气、汽油等气味，要立即通风换气。如果家用煤气漏气，还要立刻关掉入户阀（fá）门。要避免产生火花的动作，如开灯等，且要立刻离开房屋。

万一身边发生爆炸，如果你处在开放的大厅，要立刻趴在地上，最好躲在一个障碍物后面；如果爆炸发生在房间里，要躲在坚固的桌子下，并在那里停留至少60秒，躲避可能发生的二次爆炸；如果你逃出了大楼，要远离窗户等危险的区域，寻求紧急服务人员的帮助；还要躲避高温碎片，尽量不要使用电话和其他通信设备。

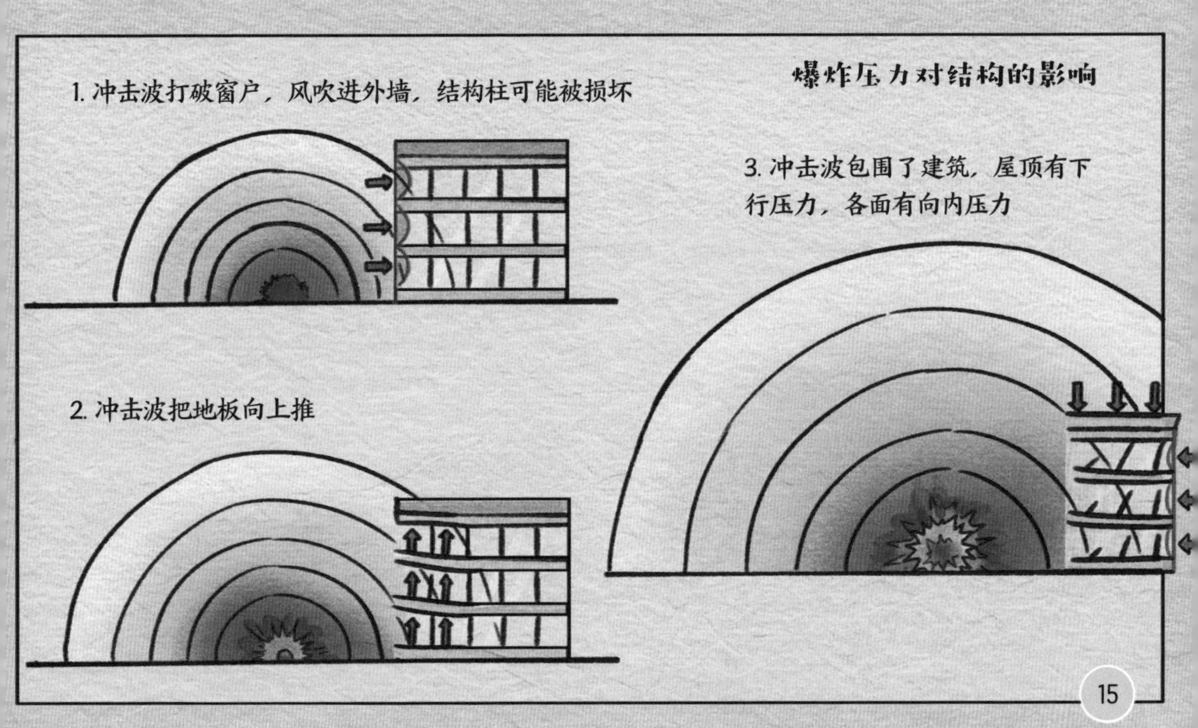

极限运动

一提到体育运动，大多数人会想到集乐趣和运动于一身的比赛或竞技活动，如足球、网球、曲棍球、篮球和许多其他体育运动。

体育运动可以使人获得乐趣，得到锻炼，并且提高技能。然而，有些人选择了某种不同类型的运动，这种运动既极端又危险，被称作“极限运动”。

运动员尝试充满危险的超人壮举可能有各种原因，也许是个性独特，也许是对肾上腺（xiàn）素的需求，也可能是一种获得个人成就感的途径。

而对一些人来说，这可能存在于他们的遗传基因中。

并不是所有极限运动对人都是不利的。恰恰相反，一些研究表明，所有风险都是有些益处的。

然而，青少年在进行极限运动时，一定要穿戴相应的防护用具，有专业人士的指导，根据年龄和体能选择适合的运动，不要盲目跟风。

下丘脑

CRH

促肾上腺皮质激素释放激素

脑下垂体

促肾上腺皮质激素

ACTH

肾上腺

肾上腺分泌的激素的皮质醇水平被反馈到下丘脑

血糖升高

抑制免疫系统

增强记忆力，集中注意力

肾上腺分泌的激素

排尿减少

血压升高

减少对疼痛的敏感性

体育训练

你下定决心开始锻炼！你打算连续7天每天跑步1小时。头两天的慢跑好艰难，但你咬紧牙关坚持下来了。第三天，你感觉肌肉和关节都怪怪的，但你没放弃。第四天，突然，咔嚓！腿筋受伤了，这下不得不休息了。

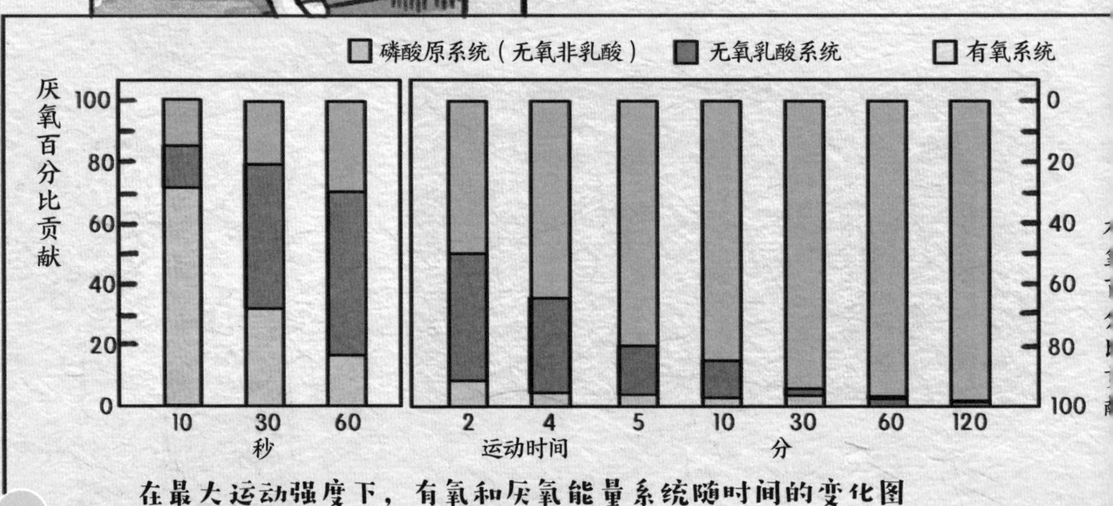

在最大运动强度下，有氧和厌氧能量系统随时间的变化图

为了预防各种不同的伤害，我们的锻炼要循（xún）序渐进，量力而行，训练计划应与目标、年龄和个人水平相匹配。此外，重要的是要了解你自己，了解你在身体上和心理上能承受的极限。当然，对自身的认识也是随着经验积累逐步完善的。

重要的是要以快乐为本，快乐地超越自己，快乐地进步，快乐地发挥自己的能力，挖掘自己最大的潜力。

弯路

大家都会在路况不好时格外注意周围的情况，反而在高速公路或笔直、宽阔的马路上行驶时，容易放松警惕，危险恰恰就藏在这种枯燥、单调的驾驶状态里！

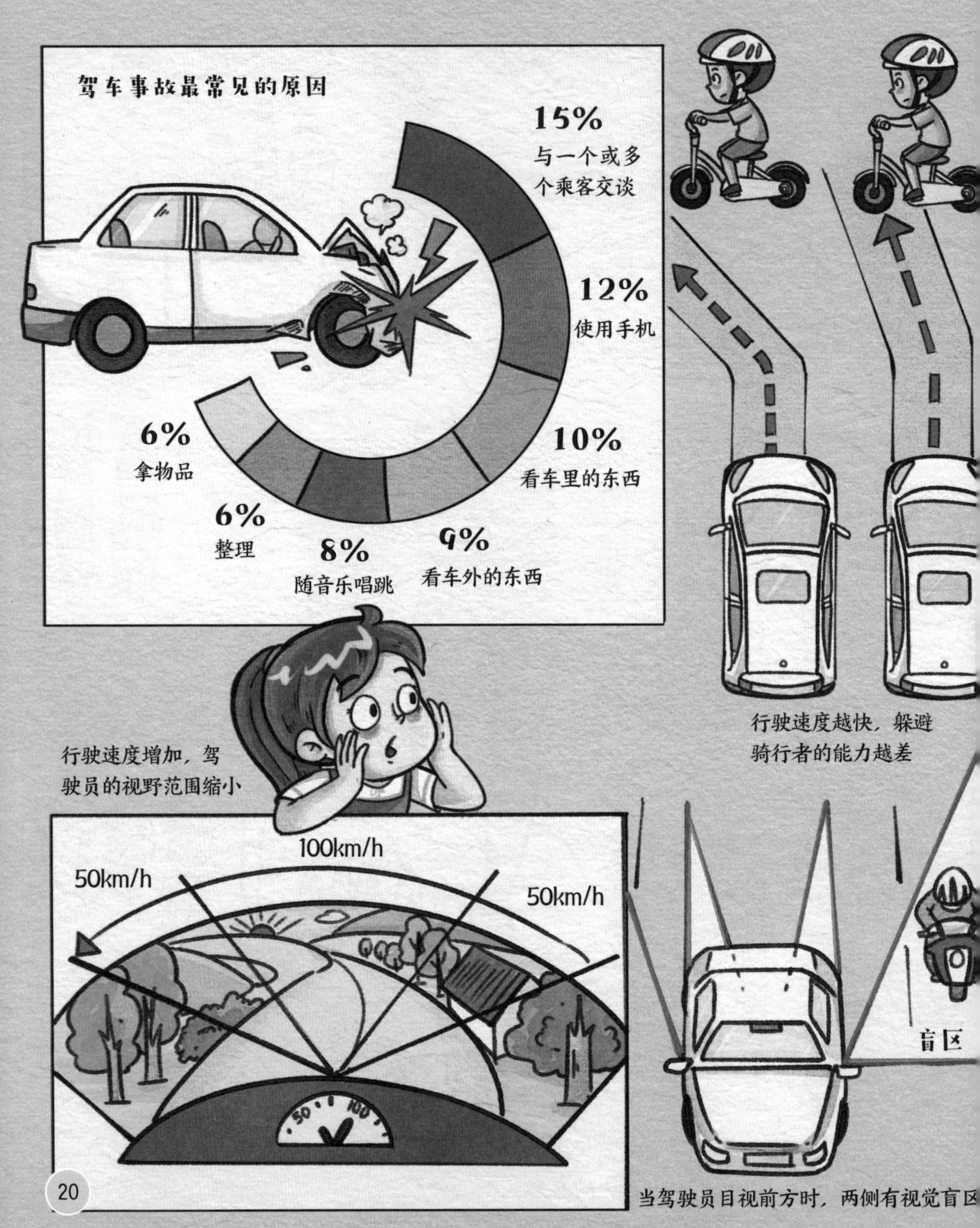

当人们长时间以一个相对稳定的速度沿着一条笔直的公路行驶时，沿途的风景单调，身体几乎不动，发动机噪声很低……这就是一个单调的驾驶状态。

研究表明，驾驶员在单调的驾驶状态下，身体有放松的倾向，甚至呼吸和心跳的频率(pín lǜ)都降低了。这时，即使他们还没有达到特别疲倦的状态，也有进入潜意识催眠状态的危险。此时的驾驶员已丧失完全掌控驾驶的能力。

为了避免这种危险，意识到驾驶状态的变化并及时调整就变得十分重要。你可以使用一些技巧提神，比如，开窗通风来呼吸新鲜的空气，喝冰水或者将冷水洒在脸上。最好的办法是停车休息，活动身体以唤醒知觉神经，促进血液循环。

实验室

实验室是一个危险重重的地方，从高压电路到有毒化学药品，再到生物危险品，危机四伏。最可怕的是实验人员安全意识的淡化，忽视了“潜伏”在实验室中的危险。

一般情况下，有害化学药品可以分为4类：

易燃性药品，它们很容易燃烧

腐蚀性药品，它们会通过化学反应腐蚀皮肤和组织，比如强酸、强碱

毒性药品，对人体具有毒性

反应性药品，它们会自发地发生反应，很容易与其他化学药品反应

化学药品是易招惹麻烦的物品，有的易燃易爆，有的有毒，有的能释放对人体有害的射线，因此，化学实验室常常是校园中最危险的地方之一。

在使用化学药品前，要了解它的特性和潜在危险，怎样安全使用，实验结束后怎样处理废液，以及出现紧急情况该怎么办。只要严格做好防护，再用扎实的化学知识与技能武装头脑，保持谨慎（jǐn shèn）与清醒，化学实验也没那么可怕。

防护面罩主要在使用腐蚀性、易反应的化学药品时佩戴，一般与护目镜一同使用，用抗腐蚀性材料制成

护目镜主要在使用化学药品或设备时使用，一般是透明的，用硬度较高的聚苯乙烯制成

实验服主要在使用化学药品、实验室设备以及腐蚀性药品时穿戴。一般分两种，一种用涂有橡胶的布或聚乙烯制成，表面有尼龙，有一定的抗腐蚀性，主要在使用腐蚀性药品时穿戴；另一种用聚乙烯膜制成，一次性使用，主要用于防护无腐蚀性的含水试剂

防护手套分两种：一种用丁腈橡胶或丁橡胶制成，在接触酸、碱或有机溶剂时使用；另一种用聚乙烯或天然乳胶制成，用于防护无腐蚀性或非溶剂的含水试剂

互联网

很多家长觉得只要孩子待在家里就不会出问题，其实不然！

统计数字显示，1% 的互联网使用者处于严重的网络成瘾（yǐn）状态。这个数字指的仅仅是极端严重的网瘾者。良好的青少年生活应当是丰富多彩的，不仅包括学习、文体活动和外出游览，而且包括亲朋好友聚会交流和社会活动。网络交流带有虚拟性，不能满足青少年在社会上与人交往的需要；上网时间过多，不仅有成瘾的风险，还会慢慢形成孤僻的性格，不善交际。一项针对法国青少年的调查显示：15% 的人承认自己会不时在夜里偷偷上网，25% 的人每日因上网睡眠不足 7 小时。

怎么应对网络依赖的风险？太简单了：关闭网络！

克服恐惧

恐惧是什么

恐惧是动物界最古老的一种情感，是大脑中的一个报警机制。它使主体在面对危险时做出“战斗或逃跑反应”。

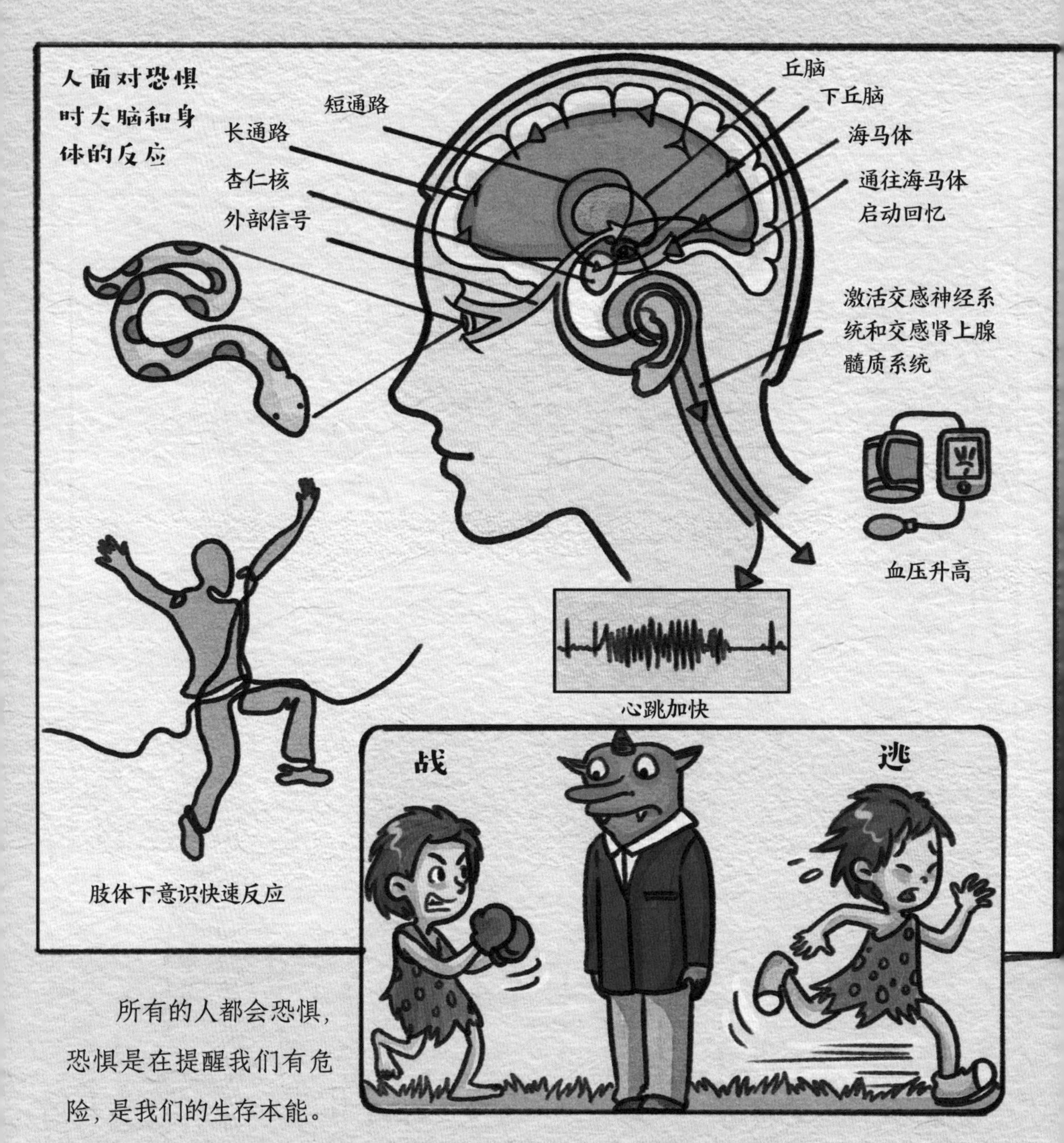

所有的人都会恐惧，恐惧是在提醒我们有危险，是我们的生存本能。但事实上，我们体验到的恐惧，并不一定与危险关联。我们可以做到摆脱某些恐惧，或知道如何更好地面对恐惧。目前存在着好几种治疗方式和方法，可以避免让恐惧演变成恐惧症，或者减轻恐惧症患者的症状，让他们过上正常的生活。

恐惧症是以恐惧为主要临床表现的神经症。恐惧症发作时往往伴有显著的自主神经症状。患者本人也知道害怕是过分的、不应该的或不合理的，但并不能控制自己。

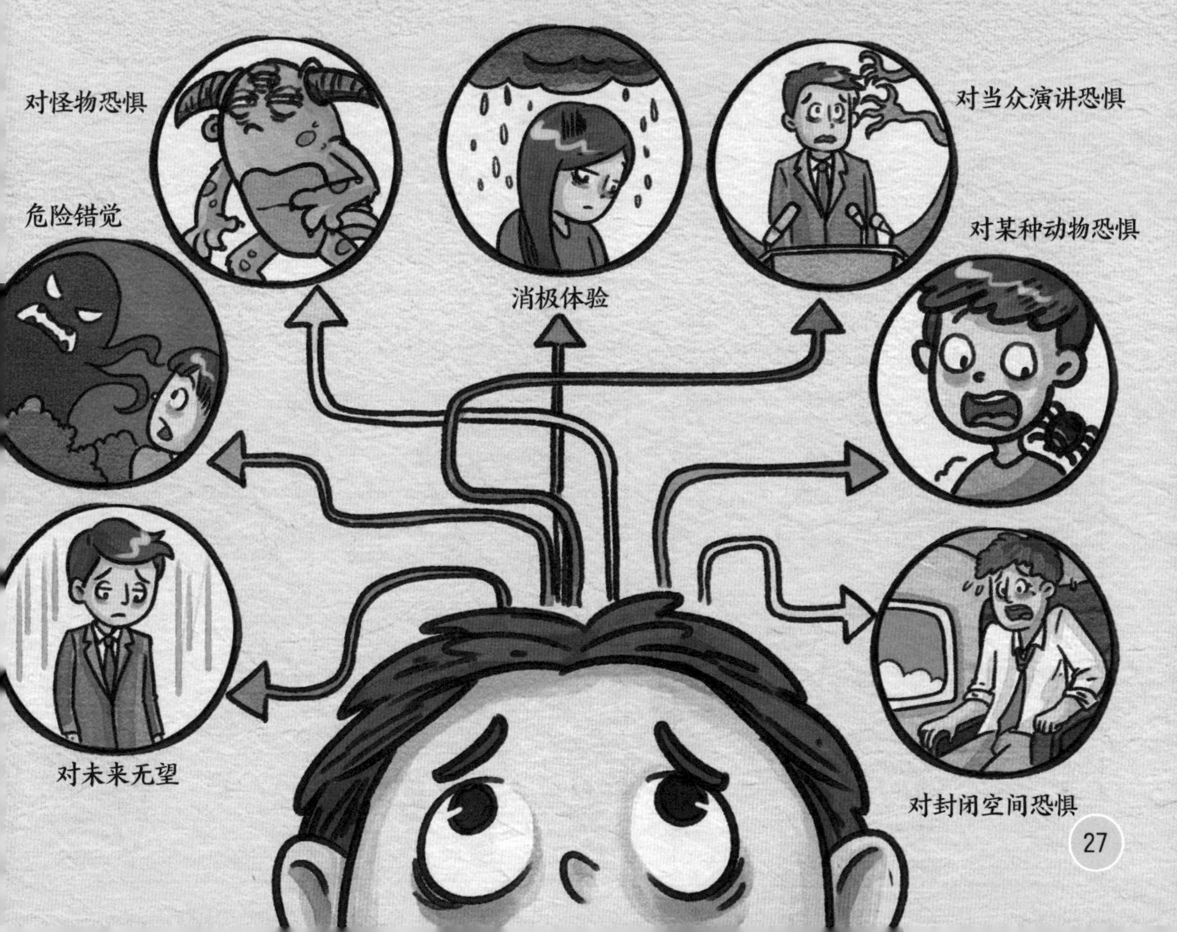

如何克服做汇报时的恐惧

恐惧在我们的生活中无处不在，但恐惧不是宿命，面对恐惧，我们可以做得更好。

很多学生在面向全班做汇报时会焦虑：冒冷汗、肚子疼、结巴、手发抖……他们经常认为只有自己会这样，其实这是一个普遍现象，75% 的人在公共场合讲话会有不同程度的恐惧。为了克服这个恐惧，心理学家建议：

进行正面思考 我害羞、脸红，可那又怎么样？每个人都会这样，人们不会笑话我的……

进行理性思考 我的报告准备得很充分，没有理由汇报不成功。即使有人会提出批评意见，但害怕也改变不了什么……

脱敏　在小范围、几个熟悉的人面前演练几次……
在开始前做深呼吸，让自己放松，眼睛直视听众而不是盯着讲义，然后慢慢开始。害怕在公共场合讲话的人往往会为了尽快结束而加快语速，但是这样会增加口齿不清的风险……
在生活中，不要一直停留在恐惧和担忧的状态中，它会危害我们的精神和身体健康。我们要逐步学习一些治疗方法来克服各种各样的恐惧。

急救小知识

急救培训的重要性

现实生活中，我们可能遇到危险，比如自然灾害、事故伤害、突发疾病等。为了应对这些意外，我们必须掌握急救知识和技能。

要掌握急救知识和技能，必须先接受专业人员规范的培训。有资格的医护人员参加临床急救工作前，必须经过严格的培训才能上岗，所以，对大众来说，必须参加规范的培训，并且掌握关键的急救技术，在施救时既要熟练又要力求标准。不规范的施救，不但达不到救命的目的，反而可能给患者带来一些伤害。所以，少年朋友既要有助人为乐的热心，也要有保护个人和他人健康的责任和本领。

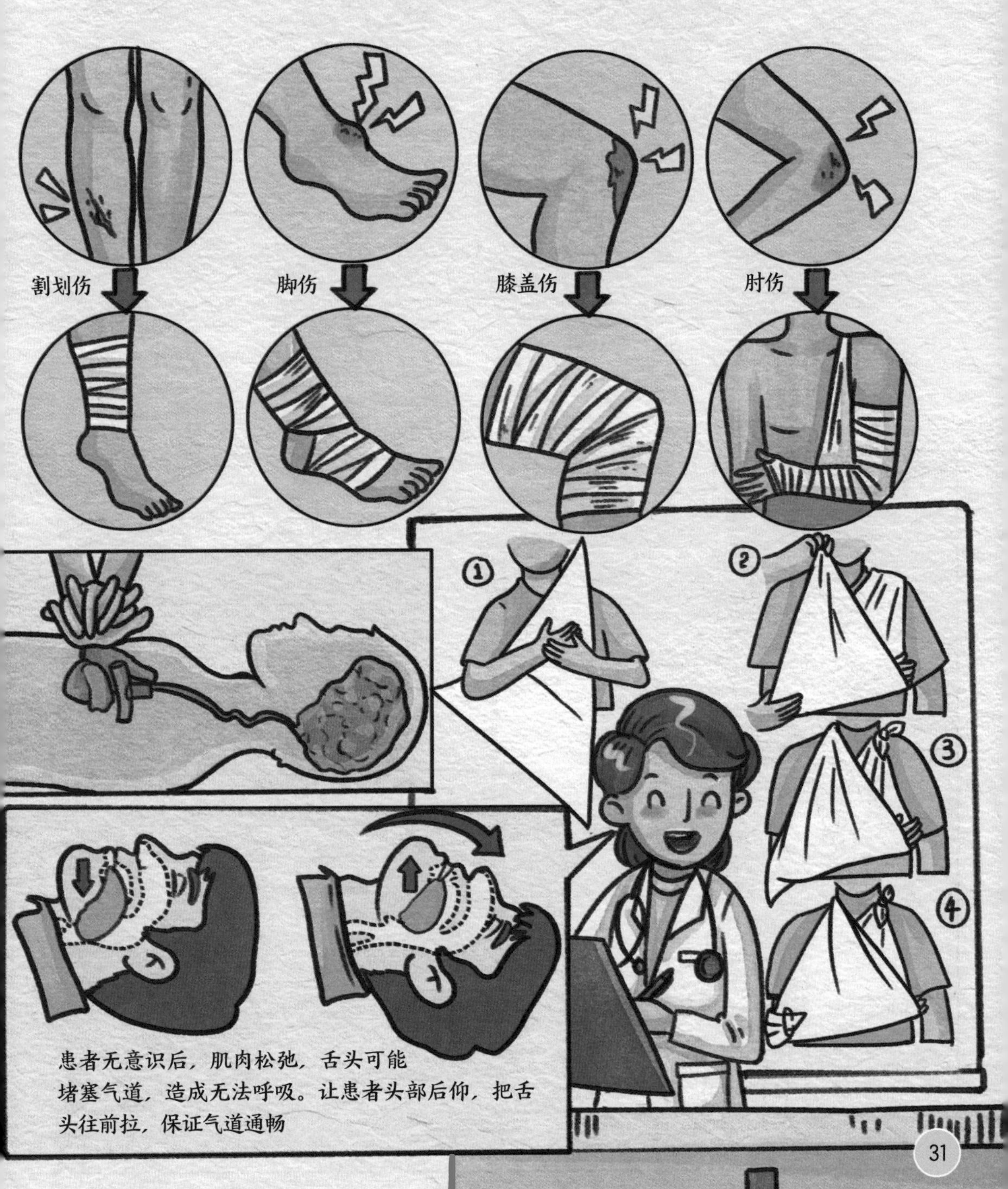

救护人员的“黄金法则”

首先是保持冷静、评估现场。比如，面对出了车祸的车辆，首先要观察路上是否有其他车辆正驶向这里，这些车辆的驾驶员发现车祸了吗？他们会不会撞上出车祸的车呢？

其次，面对事故现场，第一个有效行为是保护现场安全，避免出现新的伤员。面对公路上出现的车祸，你在初步观察后，应提示正在驶来的其他车辆放慢速度。假如有一天你看到邻居在园子里修剪树枝时，把自己的腿割伤了，你该怎么做？保护现场安全！赶紧把电线拔掉，把电锯拿到远离伤员的地方，这样既可以避免伤员在惊慌中再次伤到自己，也可以避免你在帮助伤员的过程中受伤。

这就是我们所说的“黄金法则”：保持冷静，观察现场情况，保护现场安全，拨打救援电话。

急救白金十分钟

急救白金十分钟，是指创伤和疾病突发后救治效果最好的十分钟，这期间专业救援人员可能无法及时赶到，只能靠自己或身边的人自救互救。核心内容是呼吸防护和隔离、徒手心肺复苏（CPR）、AED（自动体外心脏除颤器）除颤、解除气道梗阻、徒手止血、洗消催吐等应急和救命措施；目标是保护自己和隔离致病源、挽救生命、避免伤病恶化、减轻疼痛、减少残疾。

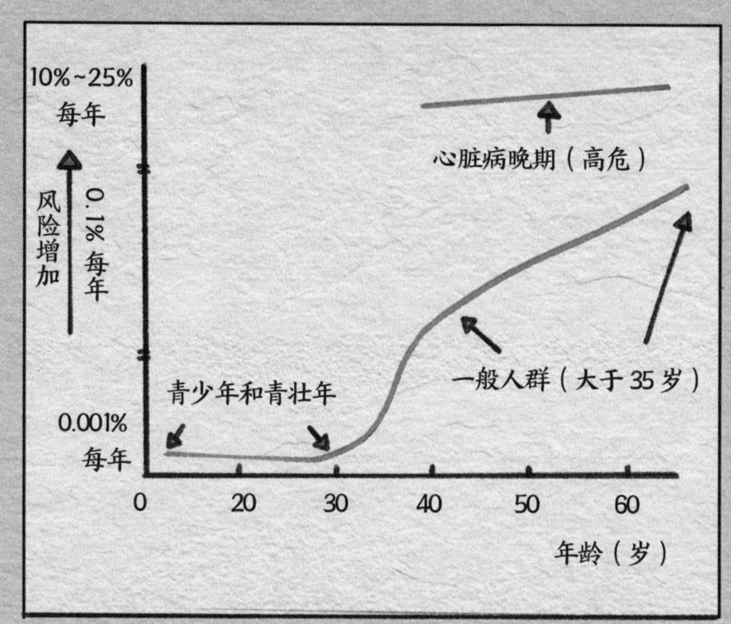

狰死发生率随着年龄的增长而逐渐增加，尤其从 35 岁开始，猝死与各种疾病有关

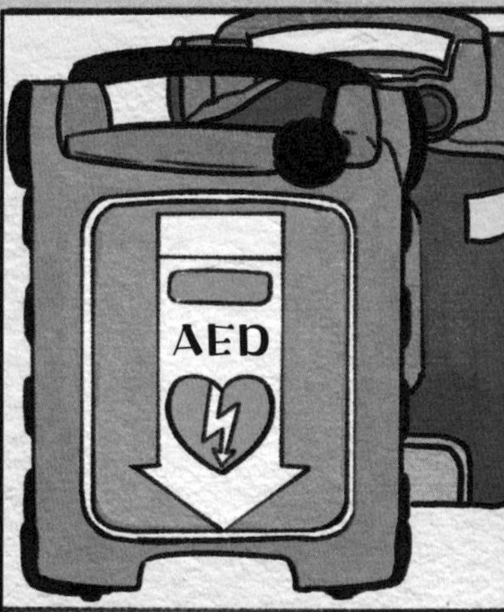

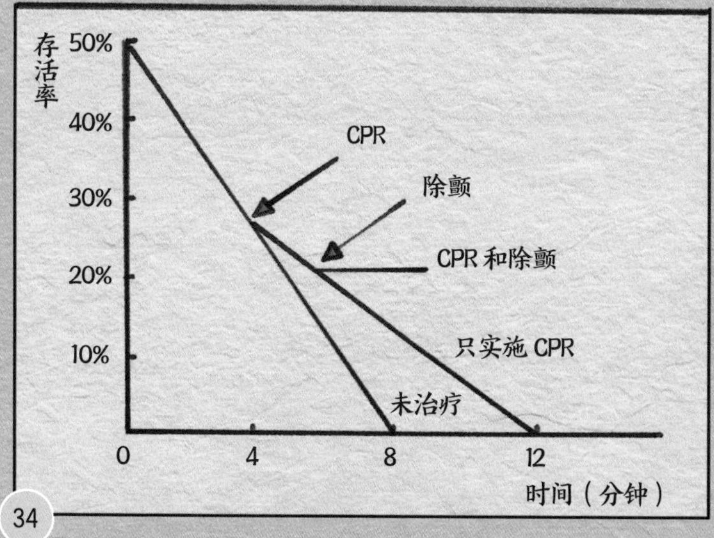

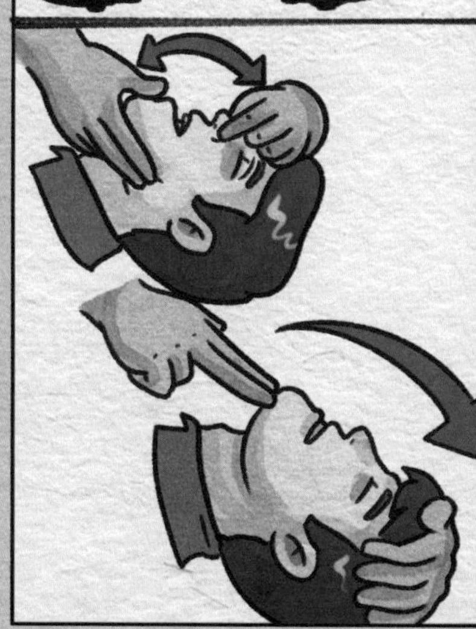

白金十分钟自救互救应急知识和技能是我们必须掌握的最基本、最关键、最重要的内容，是救援医学全链条干预的最初环节，也是紧急救援的关键时刻。

急救时需要注意的问题

假如一个事故现场有好几名伤员，你应当优先救助谁呢？大量出血的人、昏迷的人、呼吸困难的人，这三类人的情况非常紧急，立即施救可以为他们争取宝贵时间。

假如一名伤员的伤口处有异物（刀或其他的锐利物），千万不要取出异物，这样可能引发大出血，危及性命。

在专业救护人员抵达前，尽可能避免搬动伤员。如果驾驶员被困在车内，先不要强拉他出来（除非汽车开始起火并有爆炸的危险）。因为如果他在车祸中脊椎（jǐ zhuī）受伤，强拉也许会加重他的伤情。

如果车祸中有骑摩托车的人受伤，不要去帮他取下头盔。也许他的颈椎受伤了，取下头盔不仅会加重伤情，甚至会危及他的性命。摘取头盔必须由专业人员在一定的条件下操作。

伤员往往会感觉口渴，但不要给他喝水。一方面，受伤的人随时可能昏迷，喝水会加剧昏迷后的呕吐现象，加大被呕吐物哽噎窒息的风险；另一方面，一旦伤员被送到医院，也许需要立即进行手术，而术前喝水是不恰当的。

未雨绸缪

没有指南针时怎么办

假如你参加一场户外探险活动，卫星导航系统失灵，而你又没带指南针，怎么办呢？

在晴天，你可以借助太阳。我们可以立起一支杆子，观察影子的移动，判断方向。

在晚上，你会首先想到北极星。北极星在大熊星座（最明亮的七颗星组成北斗七星）和仙后座之间。北斗七星形如勺子，把勺子最远端的两颗星连线朝“勺面”方向延长，就能找到北极星。不过，在哪里都能看见北极星吗？并不是。因为北极星在地球地轴的正上方——北极的上空，所以只有在北半球才能看到北极星。

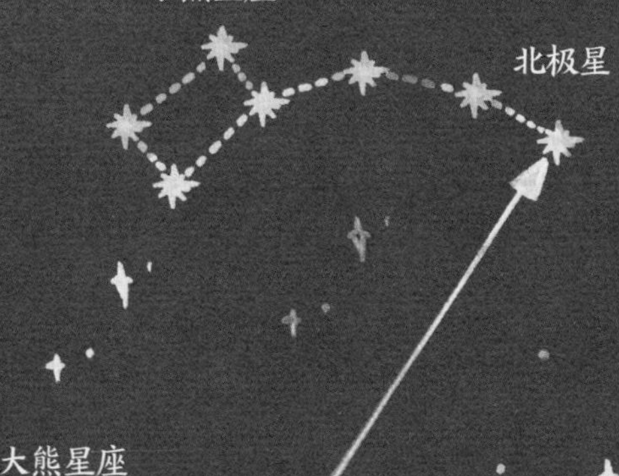

还可以利用手表判断方向。在北回归线以北，将带指针的手表平放，让时针对准太阳，时针和手表盘上的12点之间（小于180度）的夹角的平分线所指的方向即南方；在南回归线以南，将12点处对准太阳所在方向，时针与12点的中央即指向北方。

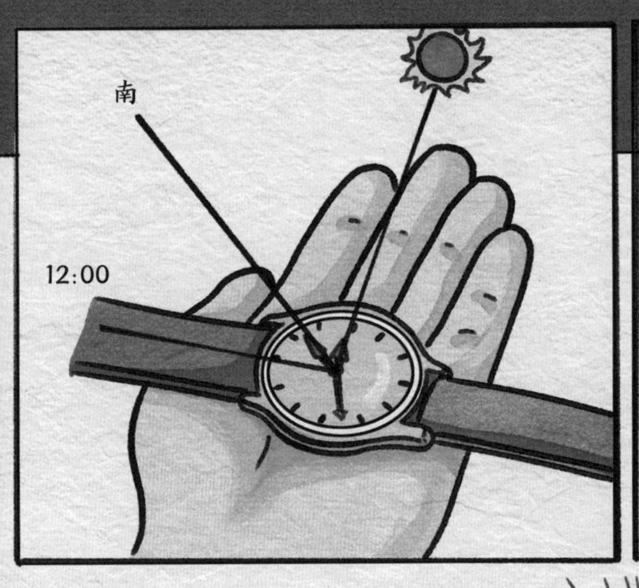

逃生小技巧

生活中，我们可能面临洪灾、龙卷风、台风、地震、火灾等各种灾难。万一遇上，我们应该怎么办呢？

如果你身处的大楼着火了，开门之前，先用手背测试一下门的温度。如果门是凉的，慢慢打开，并在撤离前检查一下烟火情况。如果你被烟火困住，而你所在的楼层不是很高，可以通过窗户逃生。如果你在高层，应选择走楼梯而不是乘电梯。

如果遇到龙卷风、台风或地震，应立即躲入事先设定好的安全区域，如地下室。远离玻璃窗和玻璃门，关闭室内门并躲在结实的桌子下面。远离电梯。保持身体紧贴或平躺在地上，这样就不会被飞来的碎石砸到。如果你被困在废墟下，用一块布裹住嘴巴以防吸入灰尘和其他颗粒物。敲击管道或墙面让别人知道你所处的位置。

危险大闯关

我们每天都面临着生死抉择。下面有四道生死攸（yōu）关的挑战，等你来闯关。我们的科学家将告诉你哪种选择是正确的。

● 你住在一栋公寓高层，如果想避免致命的事故，你应该选择每天乘电梯还是爬楼梯呢？

科学家解释：根据统计，在美国乘电梯死亡的概率仅有一千一百万分之一，而从楼梯上跌下去摔死的概率是乘电梯的900倍。

正确答案：乘电梯。

● 开车旅行时，如果意外遇到一场龙卷风，你应该怎么办？

科学家解释：龙卷风是一种猛烈的强对流天气，破坏力很大。龙卷风发生时，最安全的是位于地下的空间或场所，若在户外遭遇龙卷风，躲避时切记远离大树、电线杆、广告牌等，以免被砸、被压或发生触电事故。

正确答案：开车向龙卷风移动方向的垂直方向躲避或立即离开汽车，到低洼地躲避。

● 你独自在家写作业，家里的电器突然着火，你的第一反应是切断电源还是用泡沫灭火器灭火？
科学家解释：泡沫灭火器筒体内的酸性溶液与碱性溶液混合后会发生化学反应，生成的泡沫随人的操作喷出喷嘴，扑灭火焰。但它不能扑救带电设备的火灾。在没有切断电源的情况下，千万不能用水或泡沫灭火器灭火，否则扑救人员随时有触电的危险。
正确答案：切断电源。
● 你去快餐店吃汉堡，洗手之后干手的最佳方式，是纸巾还是干手器？
科学家解释：擦手的方式决定了你是能进一步消灭病菌等微生物，还是沾染更多。一项研究发现，用纸巾擦手 10 秒，双手已经干了 96%，15 秒后则可达到 99%。然而，如果使用干手器，至少需要 45 秒才能吹干双手。另外，用纸巾擦手可以擦除部分残留的病菌等微生物。
正确答案：纸巾。

未来科学家小测试

1. 以下做法正确的是（　　）。

A. 一边吃饭，一边说话。

B. 在马路上玩滑板。

C. 阻止2岁的弟弟将塑料袋套在头上玩。

2. 如果家用煤气出现泄漏，应该怎么做呢？（　　）

A. 打开电风扇。

B. 立刻关闭煤气阀门，打开门窗通风。

C. 打开煤气灶检查。

3. 如果发现爸爸妈妈开车时犯困，下列哪种做法是错误的呢？（　　）

A. 打开车窗。 B. 提醒爸爸妈妈停车休息。C. 安静地自己看书。

4. 救援黄金法则不包括下列哪一条？（　　）

A. 把困在车内的驾驶员强行拽出。

B. 保持冷静，观察现场情况。

C. 保护现场安全，拨打救援电话。

5. 如果大楼着火了，下列哪种做法是错误的？（　　）

A. 如果所在楼层较低，可选择通过窗户逃生。

B. 乘坐电梯逃生。

C. 开门前先用手背测试门的温度。

答案：1.C。2.B。3.C。4.A。5.B。

图书在版编目（CIP）数据

危险无处不在 / 小多科学馆编著；石子儿童书绘. -- 北京：电子工业出版社, 2024.1
（未来科学家科普分级读物. 第一辑）
ISBN 978-7-121-45650-3

Ⅰ. ①危… Ⅱ. ①小… ②石… Ⅲ. ①安全教育 - 少儿读物 Ⅳ. ①X956-49

中国国家版本馆CIP数据核字（2023）第090018号

责任编辑：赵　妍　季　萌
印　　刷：当纳利（广东）印务有限公司
装　　订：当纳利（广东）印务有限公司
出版发行：电子工业出版社
　　　　　北京市海淀区万寿路173信箱　邮编：100036
开　　本：889×1194　1/16　印张：18　字数：333.3千字
版　　次：2024年1月第1版
印　　次：2024年1月第1次印刷
定　　价：138.00元（全6册）

凡所购买电子工业出版社图书有缺损问题，请向购买书店调换。若书店售缺，请与本社发行部联系，联系及邮购电话：（010）88254888，88258888。

质量投诉请发邮件至zlts@phei.com.cn，盗版侵权举报请发邮件至dbqq@phei.com.cn。

本书咨询联系方式：（010）88254161转1860，jimeng@phei.com.cn。